Cómo sustentar una tesis

DR. JOSÉ SUPO

Médico Bioestadístico

www.bioestadistico.com

Cómo sustentar una tesis – Presentación oral y defensa ante el Jurado

Primera edición: Junio del 2015

Editado e Impreso por BIOESTADISTICO EIRL
Av. Los Alpes 818. Jorge Chávez, Paucarpata, Arequipa, Perú.

Hecho el depósito legal en la Biblioteca Nacional del Perú.

N ° 2015-07490

ISBN: 1514270951
ISBN-13: 978-1514270950

DEDICATORIA

A los investigadores, que aportan al conocimiento y a la construcción del método investigativo...

A los que pretenden con la ciencia mejorar el mundo.

CONTENIDO

1	Planea el éxito de tu presentación	1
2	Elabora una presentación efectiva	7
3	Apertura o descripción del problema	13
4	Desarrollo: presentación de resultados	19
5	Conclusiones y recomendaciones	25
6	Preparación de la defensa de tesis	31
7	El jurado que nunca leyó la tesis	37
8	El jurado que presume saberlo todo	42
9	Las preguntas del Jurado de tesis	48
10	Propuestas de solución al problema	55

Premisa N° 1

Planea el éxito de tu presentación

Una sustentación de tesis está compuesta por tres momentos: el primero es la presentación oral, el segundo es la defensa de la tesis, y el tercero es la deliberación o calificación. Habitualmente todo este proceso tiene una duración de sesenta minutos, distribuyéndose en tres partes iguales de veinte minutos cada una. Por eso, debes planear la presentación oral para una duración veinte minutos solamente.

Prepara una presentación de veinte minutos, incluso si el reglamento de tesis indica que puedes utilizar más tiempo. La razón es muy simple: nadie te sancionará si usas menos tiempo y, por otro lado, si tu presentación es malísima (que esperamos no sea el caso), está demostrado que el presentador más aburrido del que se tenga conocimiento, puede mantener la atención del público, por los menos los primeros veinte minutos.

Por supuesto, no espero que tu presentación oral sea aburrida, sino todo lo contrario, que sea comunicativa, persuasiva, entretenida y hasta inspiradora. Para lograr todos estos objetivos en una presentación tesis, o en cualquier presentación en que nos toque participar, debemos planificar y practicar la presentación.

El éxito y el fracaso son como las dos caras de una moneda, de modo que si no planeas tu éxito, indirectamente estás planeando tu fracaso. No es lo mismo desear el éxito que planearlo; y aun cuando son los propios jurados los que fijan una fecha de sustentación, porque el trabajo de tesis ya ha sido pre aprobado, aún puedes desaprobar en tu sustentación.

Luego de concluir el informe final de tesis y obtener el visto bueno del Jurado, viene la última fase del proceso de graduación por tesis: la presentación oral. Hago hincapié en que la presentación es oral, dado que algunos tesistas pretenden que las diapositivas que prepararon en PowerPoint, hagan la presentación que ellos deben hacer.

La comunicación es el proceso mediante el cual se transmite información de una persona a otra; este proceso nunca es efectivo al cien por ciento, de modo que tendrás que recurrir a todos los elementos disponibles para lograr una presentación exitosa, es decir, conseguir el propósito de transmitir el mensaje con la claridad suficiente.

Este concepto dista mucho de la actitud de un tesista que prepara ochenta diapositivas en PowerPoint, donde ha copiado al pie de la letra todo el contenido de su tesis, le ha agregado excesivos efectos visuales y transiciones totalmente disparatadas entre sus diapositivas, con la intención de demostrar habilidad en el manejo del PowerPoint.

Luego, en el momento de la presentación solo se limita a leer el texto de las diapositivas de una en una, para lo cual tendrá que dar la espalda al Jurado y al público asistente. Lamentablemente, es muy común ver esta degeneración de lo que debe ser una presentación de tesis, por eso ahora veremos cómo lograr una comunicación efectiva de nuestros resultados.

He aquí las cuatro características que debe tener una **comunicación efectiva**: la primera es informar, informar de nuestros hallazgos; la segunda es persuadir, persuadir a que el Jurado nos apruebe; la tercera es entretener, porque lo contrario de lo entretenido es lo aburrido; y, finalmente, inspirar, lograr que otros investigadores se unan a nuestra línea de investigación.

Tu trabajo de investigación es importante, pero los demás aún no se han enterado, por esta razón tu primera tarea a la hora de hacer la presentación de resultados es informar de tus hallazgos, comunicar lo que has encontrado. El fin primario de tu presentación oral es **informar**.

Tu objetivo es la graduación, así que deberás lograr aprobar la sustentación, tal como un hombre de negocios presenta una innovadora propuesta a un grupo de inversionistas para lograr financiar su inspiración; solo si le aprueban el proyecto, habrá logrado el objetivo de su presentación. Por eso el segundo objetivo de la comunicación es **persuadir**.

Pero para poder entregar el mensaje completo, además de lograr convencer al Jurado de que tu trabajo merece ser aprobado, tu presentación debe ser **entretenida**, porque lo contrario de lo entretenido es lo aburrido, desganado, desanimado, soporífero, adormecedor, desesperante; y así no se puede ni informar, ni persuadir.

Idealmente, tu presentación oral debe buscar **inspirar**, esto significa convencer al Jurado de que tu trabajo no termina con la sustentación de tesis, que tu línea de investigación solo comienza, e inspirar a que otros investigadores se te unan para solucionar el problema que te has propuesto estudiar.

Para poder comunicar con precisión tu mensaje, vas a utilizar el recurso más simple y poderoso que existe: el discurso oral. Por esta razón, a la presentación de la tesis se le suele denominar también como presentación oral, pero no por ello exclusivamente oral, existen elementos externos que pueden favorecer o perjudicar tu presentación de tesis.

La comunicación no verbal es el principal elemento externo que debes cuidar, comienza por tu aspecto externo, desde la ropa que vistes, la posición que adoptas, la forma de dirigirte a tu audiencia y la actitud que tomas frente a las contingencias que pudieran ocurrir durante tu presentación.

Un escote muy pronunciado, una camisa mal abotonada o una indumentaria vanguardista es un mal comienzo, distrae la atención del público, e incluso puede menoscabar el mensaje. Los hombres deben vestir con saco y corbata, mientras que las mujeres, habitualmente con más posibilidades de elección, adecuarán su vestuario a la circunstancia.

En cuanto a la actitud y gestualidad, la naturalidad y tranquilidad es un buen punto de partida, y aunque no existen reglas que guíen a los presentadores acerca de lo que se debe y no se debe hacer; sí podemos identificar dos principales errores que tienen los presentadores a la hora de lograr los objetivos de la comunicación.

El principal error es no establecer **contacto visual** con el Jurado y con el público (en caso de que haya público); este error te muestra como sumiso, pasivo y miedoso, además de dar a entender una clara falta de confianza en ti mismo. En países asiáticos como en Japón, mirar a los ojos a tu superior se considera una falta de respeto, pero no estamos en Japón.

El segundo error es no **sonreír**. La sonrisa nos hace parecer simpáticos y seguros de nosotros mismos; sonríe con toda la cara, muestra a todos los presentes una "sonrisa de Duchenne", esto es producto de una emoción espontánea y genuina. Transmite con tu sonrisa que no hay otro lugar en el mundo en el que preferirías estar en ese momento.

El tercer error es no ponerle **emoción**. Es importante que a la hora de hacer la presentación muestres tus emociones; debes trasmitir a tu audiencia que el tema que has investigado realmente te apasiona, que el problema que has elegido, realmente te conmueve y que quieres darle solución, pero de corazón, esto logrará el fin último de la comunicación: **la inspiración**.

Si solo hablas desde la cabeza, cualquiera podría dar la charla por ti, cuando hablas desde el corazón, nadie puede suplantarte. Podrán repetir tus palabras, pero no podrán imitar el brillo de tus ojos; podrán usar tus transparencias, pero no la pasión de tus gestos. Porque una presentación no es solo una entrega de información, es un acto vivo de comunicación.

Es posible que necesites elementos de apoyo, elementos audiovisuales, pero no pretendas que estos hagan la presentación por ti; así como para hacer un diagnóstico se necesitan exámenes auxiliares, pero estos exámenes no dan los diagnósticos, sino que lo hacemos los médicos, de la misma forma ocurre en tu presentación.

El elemento de apoyo más simple para una presentación oral es una pizarra, donde podemos elaborar mapas mentales con plena libertad. El problema ocurre cuando queremos mostrar más de un esquema, no podemos permitirnos borrar la pizarra, porque pierdes la atención del Jurado, tendrás que recurrir a elementos más elaborados.

El papelógrafo o rotafolio es una alternativa, la ventaja de este medio es doble: la primera es que no necesita borrarse cuando vas a construir más de un esquema que ayude a explicar tu trabajo, y la segunda ventaja es que se pueden reutilizar las láminas anteriormente construidas, para evocar conceptos previamente citados.

Después de todo, la sustentación de tesis se realiza ante un reducido público, por lo general, los tres jurados más los invitados del propio tesista. Por otro lado, habrá situaciones donde se necesite llevar varios esquemas previamente configurados, y solo en ese caso se hace imprescindible utilizar una presentación multimedia.

Pero siempre debes recordar que las diapositivas son solo un elemento de apoyo y que debes preparar tu presentación oral de tal modo que se pueda llevar a cabo incluso si se corta el suministro eléctrico, y el Jurado te solicite continuar con la presentación en estas condiciones, podrían argumentar que ellos se graduaron sin apoyo multimedia.

Premisa N° 2

Elabora una presentación efectiva

Una buena presentación se apoya en el uso de la tecnología, pero de no utilizarla correctamente, lejos de lograr que la tecnología sea una ayuda, representará un distractor para tu comunicación efectiva, un distractor tanto para el Jurado de tesis y público asistente, como para el mismo presentador; no podemos permitir que la tecnología se ponga en contra nuestra en esta etapa final.

Presenta un diseño minimalista, nada de viñetas, ni pies de página; utiliza fotos de calidad profesional, a pantalla completa es siempre mejor; utiliza efectos sin llamar la atención más de lo necesario, las diapositivas son solo una herramienta para comunicar mejor tu mensaje. A continuación enunciaremos algunos principios del arte de presentar para lograr impactar a la audiencia y, por supuesto, al Jurado de tesis.

El primer principio es **la parsimonia**, "utiliza el menor número de diapositivas posible". Es completamente factible realizar una presentación completa en 10 diapositivas, si se da el caso puedes extenderte un poco más, pero nunca más allá de veinte; esto mismo lo puedes leer en el libro *El arte de empezar* del gurú del emprendimiento Guy Kawasaki.

El segundo principio es de **los aspectos visuales**. Las diapositivas que apoyan mejor la comunicación efectiva son las que tienen fondo blanco y texto en escala de grises, solo en casos de querer resaltar una palabra o una frase se utiliza el texto de color. Los fondos de color se utilizan solo en los casos requeridos, y las plantillas predeterminadas en ningún caso.

El tercer principio tiene que ver con la **cantidad del texto**. En las diapositivas que contienen texto, el número de palabras en cada diapositiva no debe superar a las sesenta palabras. Evitar las referencias bibliográficas al pie de la dispositiva, eso está bien para los documentos como el proyecto e informe final de tesis, pero no para una presentación.

La dinámica es el cuarto principio. Algunos presentadores novatos abusan de los efectos y las transiciones en las diapositivas; los efectos en el texto deben responder a una estrategia pedagógica, esto realmente es un arte, y para quienes carecemos de este arte, debemos evitar su uso; la transición entre dispositivas debe ser discreta y sin sonidos distractores.

Las imágenes deben estar estrictamente relacionadas con la idea que se quiere comunicar en el párrafo presentado, esto es un concepto subjetivo, por ello, hay que tomarse el tiempo para elegir buenas imágenes, y demás está decir, que estas imágenes deben ser de alta resolución y carente de sellos de compañías, fechas o nombre del fotógrafo.

Si bien el cerebro humano tiene grandes cualidades y se encarga de un sinfín de tareas de diversa índole, tiene una capacidad muy limitada para procesar información por unidad de tiempo. Es la razón por la cual después de digitar un número telefónico tomado de nuestra propia agenda, ya no recordamos el número.

Este fenómeno se debe a que la zona temporal del cerebro encargada de albergar los datos nuevos que llegan del entorno, no puede retener mucha información; esta puerta de entrada de la información es conocida como memoria de trabajo y si está llena no puede procesar correctamente otros datos que estén llegando.

La información que consideramos relevante luego de haber sido correctamente procesada y entendida, puede entonces albergarse en la memoria a largo plazo, que tiene una capacidad mucho mayor, que es donde guardamos los recuerdos de toda nuestra vida, y el aprendizaje es un tipo de esos recuerdos.

Es la razón por la que debemos descomponer la información en segmentos digeribles para la memoria de trabajo. Los temas complejos deben ser descompuestos en partes más sencillas, pero que puedan entenderse por sí solas; cada diapositiva debe ser simple y no estar abarrotada de texto, gráficos o adornos que dificulten su procesamiento.

Para respetar los límites de la memoria de trabajo del cerebro es recomendable que cada diapositiva contenga una sola idea o concepto y pueda ser procesada en pocos segundos; por ello, el quinto principio es presentar una sola idea por cada diapositiva, por ejemplo, en un esquema básico de diez diapositivas tendríamos:

Primera diapositiva: el enunciado del estudio, acompañado por los datos de tu Universidad o institución a la que presentas tu tesis, así como el nombre del autor; puedes acompañarlo de los escudos de tu Universidad y/o de tu Facultad, pero hay que recordar que aquí el protagonista es el enunciado, el cual deberá llevar el texto en una letra de mayor tamaño.

Segunda diapositiva: la introducción o justificación. Aquí describes por qué el tema que has elegido es un problema, por qué has decidido involucrarte con ese problema, visualiza cómo solucionarás el problema, y cómo es que el estudio realizado contribuye a esa tarea y terminas con las expectativas del estudio antes de realizarse.

Tercera diapositiva: los objetivos del estudio, con el objetivo específico a la cabeza, que es el único objetivo inferenciable y cuya estructura es muy similar al enunciado del estudio, pero que representa a la expresión estadística del propósito del estudio; pueden haber objetivos secundarios que colaboran a la consecución del objetivo específico.

Sexta diapositiva: enumera los antecedentes investigativos que te llevaron a posicionarte en el nivel investigativo en que te encuentras, dando lectura a sus enunciados como un signo de que tu estudio se sustenta en la experiencia previa de otros investigadores y que se encuentra dentro de una línea de investigación.

Cuarta diapositiva: el planteamiento teórico; aquí va un esquema del diseño de la investigación para los estudios experimentales, y el cuadro de operacionalización de variables para los estudios observacionales. El cuadro es exactamente el mismo que va en el proyecto de tesis, de ahí la importancia de no sobrecargar este cuadro con elementos innecesarios.

Quinta diapositiva: marco conceptual. Este define operativamente a las variables que participan en tu cuadro de operacionalización de variables. En algunos casos será necesario que definas también a los indicadores, menciona clasificaciones, reglamentos, instrumentos y conceptos que serán utilizados en tu presentación de resultados.

Séptima diapositiva: en material y métodos, define a las unidades de estudio, a la población de estudio; si se da el caso, el marco muestral; cómo se calculó el tamaño de la muestra y la técnica de muestreo elegida, criterios de elegibilidad; las técnicas y estrategias de recolección de datos, instrumentos y materiales de verificación.

Octava diapositiva: los resultados se presentan en tablas, gráficas o texto, dependiendo de cuál comunique mejor, no necesariamente igual al informe final. Has de preferir las gráficas en tu presentación; cuando corresponda acompáñalas con su prueba estadística, y aclaraciones al pie estrictamente complementarias al resultado; es un resultado por diapositiva.

Novena diapositiva: las conclusiones estrictamente relacionadas con los objetivos de tu estudio. En tu discurso acompáñalas con la interpretación de los resultados y la verificación de la prueba de hipótesis (si el estudio cuenta con hipótesis); en cada diapositiva puede ir el enunciado del estudio de manera muy discreta en la parte superior.

Décima diapositiva: las recomendaciones para continuar con la línea de investigación. Hacer una diapositiva no consiste en copiar y pegar lo que tenemos en el informe final de la tesis, sino que podemos y debemos sintetizar la idea que queremos comunicar, de tal modo que el mensaje llegue sin distracciones al público y, por supuesto, al Jurado de la tesis.

Finalmente, hay que recordar que la presentación la haces tú y que las diapositivas solo refuerzan lo que estás explicando en cada momento. La ventaja de usar diapositivas es que sirven de mapa conceptual a la hora de presentar y también de recordatorio para lo que sigue a continuación, muy útil para no perderse en el camino.

No dejes que las diapositivas eclipsen otras posibilidades interesantes que puedes usar en tu presentación; recursos como contar historias, usar objetos cotidianos, maquetas, representaciones, diálogos y todo tipo de argumentos que refuercen la idea que quieres comunicar, no te limites solamente a usar diapositivas.

Algunas recomendaciones adicionales

Nunca intentes navegar en Internet en medio de la presentación, esto es un error de principiantes, Internet se pone lenta, no hay buena conexión, la señal es muy débil, alguien se olvidó de encender el wifi, etc., etc., etc. Tampoco intentes reproducir video, a menos que sea estrictamente necesario, y lo hayas probado.

Ahora que ya tienes las diapositivas para la presentación de tu tesis, la recomendación final antes del día de la sustentación, es ensayar, ensayar y ensayar. Si eres admirador de los grandes conferencistas como Miguel Ángel Cornejo o Alex Dey, debes saber que ese excelente discurso que observas en YouTube, lo han repetido más de cien veces.

Premisa N° 3

Apertura o descripción del problema

Antes de comenzar la presentación oral, dirige tu mirada al Jurado, directamente a los ojos de cada uno de ellos mientras los saludas; y si hay público presente, salúdalos también; manteniendo la cabeza alta y sonriente emite un halago, pero solo uno, tanto a los jurados como a los asistentes, ellos esperarán tu segunda frase (a quién no le gusta ser halagado), entonces has un pequeño silencio y... ya los tienes atrapados.

Comienza con una historia, idealmente una historia personal, pero que contenga episodios comunes con tu público presente. Por ejemplo, cuenta una anécdota que hayas vivido con tus jurados, en tus épocas de estudiante, si no fuiste estudiante directo de ninguno de ellos, existen otras buenas alternativas como una historia bíblica, no importa si tus jurados son creyentes o no, todo el mundo conoce las historias bíblicas.

La historia corresponde a la motivación, y los episodios comunes envían un mensaje al subconsciente del Jurado: "Estamos juntos en esto". Pero la clave de todo consiste en relacionar la historia con el problema de investigación, para esto debemos recordar que el problema de investigación no es lo mismo que el enunciado.

El problema de investigación es lo que generó tu línea de investigación, y en este momento acabas de concluir solamente un estudio de esa línea de investigación. Si tu línea de investigación es la diabetes, es posible que solo hayas hecho el estudio de prevalencia, y ahora vamos a comunicar los resultados de ese estudio.

Antes de dar lectura al enunciado del estudio, debes convencer al Jurado en primer lugar, por qué es importante tu línea de investigación, por qué es importante estudiar el problema que has elegido, y luego la razón por la que ahora, solo has hecho el estudio de prevalencia, o del propósito investigativo que hayas desarrollado.

Enseguida, desmenuza el problema de una manera muy breve, a fin de dar los argumentos necesarios para poder justificar tu incursión en ese campo; en este momento, debes recordar que un trabajo de investigación y, en este caso, tu tesis, no está destinada solamente a los miembros del Jurado, sino a toda la comunidad académica.

En este momento debes estar pensando: ¿Por qué habría de intentar convencer al Jurado sobre el problema en estudio, cuando ellos ya revisaron el trabajo y dieron su pre aprobación? Para responder esta pregunta, debemos recordar que el destinatario final de tu tesis es la comunidad académica, el Jurado solo representa a esta comunidad.

De tal modo que debes partir de la siguiente premisa: las personas que tienes en frente, van a oír por primera vez el trabajo que acabas de concluir, ni se te ocurra pensar omitir aspectos importantes pensando que tus jurados ya conocen todo tu trabajo, para evitar caer en este error, dirígete a tu público invitado, ellos aún no están enterados de tu trabajo.

Otra de las razones por la que debes explicar tu trabajo como si los jurados oyeran del mismo por primera vez, es que debes convencerlos de que conoces el problema, de que has leído todo lo publicado en referencia a tu línea de investigación, pero sobre todo de que posees una línea de investigación.

No sería raro que llegues a dominar el problema estudiado, incluso más que los propios jurados, esto es lo ideal, y no solo pondrás en actitud de asombro a los jurados, sino que hasta podrían sentirse cohibidos de profundizar en un tema que tú dominas más que ellos, frente al amplio público asistente que convenientemente llevaste a tu sustentación.

Un alumno o tesista puede solicitar el apoyo de uno o varios asesores para su trabajo; de tal manera que los componentes metodológicos, estadísticos, académicos y técnicos de la tesis son impecables; si el objetivo del Jurado fuera calificar la tesis, este alumno ya debería estar aprobado, y no necesita acudir a ninguna sustentación de tesis.

Si se exige que el alumno haga una presentación oral ante un Jurado, es porque hay algo que falta calificar. Así, lo que se está calificando no es la tesis, sino al tesista; si el alumno incurrió en una falta, al comprarse una tesis o al copiarse una tesis que fue previamente aprobada en otra universidad, ahora podrá ser detectado muy fácilmente.

Todo discurso tiene tres fases muy bien definidas: la apertura, el desarrollo y las conclusiones. Lo más importante en una presentación de tesis es el desarrollo o presentación de resultados, de manera que esta primera fase de apertura deberá ser llevada a cabo de la manera más ágil posible.

En esta primera parte debes resumir no solamente la descripción del problema, sino también lo métodos utilizados para el desarrollo de tu estudio, en sí todo el cuerpo metodológico, para ello las diapositivas convenientemente elaboradas son un gran apoyo, la secuencia será aquella que te permita desarrollar mejor tu presentación.

A continuación se presentan los objetivos del estudio, como una derivación directa del propósito investigativo, teniendo en cuenta que existen muchos caminos para llegar a un mismo destino, existen muchos objetivos que pueden servir para el mismo propósito, explica por qué se eligió ese objetivo.

De existir objetivos operacionales, puedes presentarlos siempre que no sean un desglose del objetivo específico. Por ejemplo, no tiene ningún sentido desglosar el objetivo "describir las características clínicas y laboratoriales de los pacientes diabéticos" en "describir las características clínicas..." y "describir las características laboratoriales...".

Este desglose, lo único que consigue es sobrecargar el texto de la diapositiva, y se puede tolerar por cuestiones de redacción en un informe final de tesis, pero en una presentación oral son totalmente contraproducentes, en este momento debemos recordar que las diapositivas, no se obtienen de copiar y pegar desde el Word al PowerPoint.

Es importante recordar los antecedentes investigativos con la finalidad de argumentar el nivel investigativo en el que has desarrollado tu tesis, además es posible que estés utilizando un instrumento previamente validado en alguno de estos antecedentes, este es el momento de citar la fuente de publicación primaria del instrumento.

Los antecedentes investigativos sirven también para dar un fundamento a la hipótesis del investigador, en caso de que el estudio en curso cuente con una hipótesis; ya sea que se trate de una hipótesis empírica o racional, a los jurados les encanta oír el fundamento, sobre todo si se han dogmatizado con el único libro de metodología de la investigación que han leído.

A continuación presenta el diseño del estudio, el cual puede ir en esquema o en cuadro, dependiendo de la naturaleza del estudio; amplía un poco esta parte y adelántate a las posibles preguntas que pueda realizar el Jurado, puesto que ningún diseño es igual a otro, siempre habrá novedades para ellos.

Es preferible que menciones las características del diseño, antes que digas, por ejemplo, "utilicé el diseño de casos y controles", porque con toda seguridad que modificaste el diseño original, y tu Jurado querrá ver en tu estudio, el diseño tal cual se describe en su único libro, y entrarás en discusiones metodológicas, totalmente estériles.

Luego, define operativamente a las variables que aparecen en el diseño de tu estudio, aunque lo hayas hecho concomitantemente a la presentación del diseño, es mejor remarcar estos conceptos en una diapositiva aparte, sobre todo sin son conceptos nuevos para tu Jurado. ¿Cómo sabes eso? Por qué los has estudiado (a los jurados).

En los estudios descriptivos, será necesario definir también a los indicadores de la variable de estudio, dado que concluirás sobre sus definiciones, también es preciso que presentes clasificaciones, reglamentos, instrumentos y conceptos, que utilizarás en la presentación de resultados. Encárgate de todo concepto ahora, no lo dejes para los resultados.

Anuncia los métodos utilizados para alcanzar los resultados; esta es la parte final de la apertura de la presentación oral, porque a continuación viene lo más importante, la razón de ser del estudio, de la tesis en general y, por supuesto, de la presentación oral: la presentación de resultados, que en el discurso corresponde al desarrollo de la charla.

Aunque parezca poco importante, menciona los puntos más relevantes del método que anotaste en la diapositiva correspondiente: la población de estudio, el muestreo (si es que corresponde), los criterios de elegibilidad, criterios de inclusión y exclusión; las técnicas y estrategias de recolección de datos, instrumentos y materiales de verificación.

Ahora, si todo está listo para la presentación de resultados, si tuviéramos que hacer un esquema de tiempos, diríamos que la apertura debe tomar cinco minutos, el desarrollo o presentación de resultados debe tomar diez minutos, para que dediquemos los últimos cinco minutos a las conclusiones y recomendaciones.

Premisa N° 4

Desarrollo: Presentación de resultados

Nadie puede comunicar mejor los resultados de un estudio, que aquel que concibió la idea del mismo, y desarrolló el método para lograr los resultados que ahora vamos a presentar, incluso podríamos decir que la prueba de oro para saber si el alumno es realmente quien llevo a cabo la investigación, es la presentación de sus resultados, incluso si recibió ayuda profesional en el desarrollo de su tesis.

En este sentido, el alumno debe estar preparado para comunicar los resultados de la tesis, incluso sin ningún tipo de apoyo tecnológico. La sustentación de tesis no es un examen oral, el alumno puede consultar sus notas, de cuando en cuando, sin hacer un uso exagerado de esta práctica, también puede remitirse a algún capítulo específico de su informe final.

Por todo esto, deberás preparar una presentación multimedia completa, pero a su vez, tenerlas impresas a la mano, en formato de tarjetas para usarlas en situaciones de contingencia, y puedes hacer uso de ellas sin necesidad de intentar ocultarlas, ya dijimos que esto no es un examen oral.

El uso y la recurrencia a las tarjetas impresas deberá ser siempre con moderación, no querrás hacer pensar al Jurado, que no te has preparado y que te presentas con el único fin de dar lectura a estas tarjetas, podrías hacer pensar al Jurado que incluso tú no desarrollaste el trabajo, por eso recurres tanto a tus apuntes.

En cuanto a los resultados mismos, es posible presentar todos resultados en una sola diapositiva, aunque este no es el caso más habitual, de tal modo que será muy razonable extender su número hasta tres o en casos extremos cinco diapositivas; un número mayor tendrá un impacto nefasto para una comunicación efectiva.

Las diapositivas de los resultados no tienen por qué ser necesariamente iguales al capítulo de resultados de tu informe final, puesto que ahora estás en la presentación oral de tu tesis, podrás cambiar tablas por gráficas cuando te resulte conveniente o cuando la gráfica resulte más atractiva para el público.

La sección de resultados es la razón de ser de la comunicación científica, puesto que si no presentamos los resultados, no hay ningún sentido publicar nada; alguien podría omitir sin intención cualquier otra sección del informe final, aun así tendríamos algo interesante que leer, esto no puede ocurrir con la sección de resultados.

Es muy frecuente que el tesista presente resultados que no fueron anunciados en los objetivos, esto porque algunos creen que mientras más resultados se presenten, más se ha trabajado y más relevante será el estudio, lo cierto es que solo hay que comunicar lo que el enunciado del estudio exige.

A veces, también ocurre que el tesista presenta todo lo que el software estadístico puede brindar, hay que tener en cuenta que las salidas del software, siempre brindan más información de la que solicitamos e incluso de la que necesitamos. Mucha de esta información solo le sirve al analista para corroborar que el procedimiento ha sido el adecuado.

Por ejemplo, cuando comparamos dos grupos mediante una t de Student, debemos asegurarnos de que las varianzas de los dos grupos sean homogéneas, así como la distribución normal en cada caso, pero esto no constituye un resultado, sino un requisito para considerarse adecuado este contraste estadístico; por lo tanto, no debe ser presentado.

También existen tesistas que quieren relacionar todas sus variables, cuando esto no ha sido contemplado en los objetivos; su argumento falaz es que si ya tienen la matriz de datos, deberían aprovecharla al máximo y descubrir en ella todo lo que sea estadísticamente significativo, después de todo "están haciendo investigación".

Aquí debemos aclarar que aunque todas las matrices de datos se parezcan, fueron recolectadas mediante un método desarrollado exclusivamente para cumplir un objetivo específico, y aunque parezca tentador aplicar procedimientos estadísticos adicionales, estos resultados no servirán en lo absoluto.

La razón por la que a partir de una misma matriz de datos no pueden desarrollarse dos estudios, es muy simple: cada estudio tiene un propósito distinto, este propósito es la esencia que genera el método, y este moldeó la técnica de recolección de datos, la que finalmente permitió generar la matriz de datos, única y exclusivamente para un propósito.

¿Acaso no es posible aprovechar una misma base de datos para varios estudios? En este momento hay que marcar las diferencias entre una matriz de datos y una base de datos. En esencia parecen lo mismo, pero sus orígenes y su utilidad son totalmente distintos. A continuación describiremos sus diferencias.

Una matriz de datos es la que se construye a propósito de una investigación, es decir, de no haber planteado el estudio en curso, jamás hubiera existido, tiene una finalidad puntual: "completar los objetivos del estudio"; luego de su construcción no puede modificarse, entonces es estática y solo sirve para completar un objetivo específico.

La matriz de datos se construye a partir de las fichas de recolección de datos, ya sean físicas o digitales, la información de estas fichas es vertida en una grilla donde cada columna representa una variable y cada fila representa a una unidad de estudio, su elaboración es muy sencilla y para ello podemos utilizar una hoja de cálculo o software estadístico.

Habitualmente un investigador construye su matriz de datos, para sus intereses puntuales, puede ser entregada al Jurado de la tesis en caso lo solicite para corroborar los procedimientos estadísticos aplicados. Estamos tan habituados a trabajar con matrices de datos, que muchos desconocen que también se puede trabajar con bases de datos.

Una base de datos es dinámica, es alimentada de manera constante y rutinaria, no se construye para ningún estudio en particular, pero a su vez es posible de aprovechar para desarrollar diversos estudios, se consideran datos primarios, puesto que su recolección es estandarizada, y son datos verificables.

Las bases de datos son dinámicas, en ese sentido se necesitará procesar la información en tiempo real, a estos procedimientos se les conoce como "minería de datos", muy utilizada para tomar decisiones en tiempo real a partir de los datos analizados, una característica de la investigación aplicada.

La base de datos es alimentada directamente por los usuarios de un servicio, tal como con los cajeros automáticos de un Banco; pero también pueden ser alimentadas por un usuario, como ocurre en las ventanillas de los Bancos. En la actualidad todas las bases de datos se almacenan en la nube y se recuperan mediante software para su análisis estadístico.

La atención médica es investigación aplicada y como tal la información debería alimentar una base de datos a la que ya muchos han denominado historia clínica electrónica, de manera que conocer la prevalencia de una determinada enfermedad no implique esfuerzo en recolectar datos y se pueda conocer en tiempo real.

Pero para casos específicos, donde no se cuenta con información en tiempo real, siempre tendremos que construir matrices de datos, a partir de las cuales obtendremos resultados que sabremos resumir en texto, tablas o gráficas, según logremos comunicar mejor los resultados de la investigación.

En la presentación no debe estar presente al análisis exploratorio, como el tipo de distribución de la variable analizada, que si bien debe ejecutarse como procedimiento analítico preliminar, no es un resultado en sí mismo. Por lo tanto, podemos mencionar que la variable tiene distribución normal, pero no presentar el análisis que produjo esta conclusión.

Existen otros supuestos como la homocedasticidad u homogeneidad de varianzas, cuando de comparar dos grupos se trata; este es un requisito para desarrollar pruebas estadísticas paramétricas, no es un resultado, por lo que, si bien debe ser ejecutado, no se presenta como resultado, mucho menos en la presentación de la tesis.

En la presentación de resultados nos limitaremos a mostrar los hallazgos de nuestro trabajo, poniendo énfasis en aquellos que generarán nuevas hipótesis para el siguiente nivel investigativo; esto es un preludio de lo que viene más adelante, esto es un adelanto del cierre de las conclusiones y recomendaciones del estudio.

De manera concomitante a la presentación de resultados, iremos desarrollando lo que corresponde a la discusión, la comparación con los antecedentes investigativos, la relevancia clínica y la apreciación personal del investigador, para que en la parte final nos limitemos a realizar afirmaciones.

Premisa N° 5

Conclusiones y recomendaciones

Todo trabajo de investigación tiene solamente un objetivo específico. Este objetivo específico es la traducción operacional del propósito del estudio, conocido también como especificidad del estudio, y de allí se deriva su nombre. En consecuencia, la conclusión del estudio es única y corresponde al propósito o especificidad del estudio; en efecto, la conclusión del estudio siempre es única, pero entonces…

¿Por qué siempre observamos en las tesis varias conclusiones? La respuesta es muy simple, en muchos casos para completar el objetivo específico, se requieren pasos intermedios, a estos pasos intermedios los denominamos objetivos operacionales; y en un sentido amplio, necesitarán de conclusiones. Algunos investigadores, denominan a estas conclusiones como secundarias, porque responden a cuestiones complementarias.

Para hacer el cierre de la presentación oral de tesis, hay que remarcar la siguiente secuencia, en primer lugar recordar que existe un problema, que el investigador está comprometido con solucionar este problema, que a la temática que encierra el estudio del problema se le denomina línea de investigación.

Dentro de la línea de investigación, se identifica un punto específico, una cuestión concreta para el investigador, este punto es el propósito del estudio que, conjuntamente con las variables y unidades de estudio, conformarán el enunciado del trabajo, las unidades de estudio delimitadas espacial y temporalmente hacen la población de estudio.

El deseo del investigador de querer conocer un hecho concreto dentro de su línea de investigación tiene que traducirse en términos operativos para poder llevarse a cabo; esta operacionalización del propósito del estudio corresponde al objetivo específico, el cual puede requerir de pasos intermedios para completarse.

El objetivo específico es un objetivo estadístico, es decir, requiere de procedimientos analíticos para poder completarse, en algunos casos con una prueba de hipótesis y, en otros casos, con una estimación puntual; este procedimiento analítico tiene que presentarse a manera de presentación de resultados.

Estos resultados tienen que presentarse en texto, tablas o gráficas, según comuniquen mejor los hallazgos del estudio, luego descritos según sus hallazgos más importantes, para después ser analizados e interpretados; esta interpretación se realiza según el propósito del estudio y son el insumo para la discusión.

En la discusión, no nos bastará lo que hayamos encontrado estadísticamente, tendremos que utilizar nuestro criterio para discernir si lo que hemos encontrado es coherente o no con la relevancia clínica, es decir, contrastar los resultados del estudio con la experiencia personal del investigador, aquí mientras más experiencia, mejor.

El siguiente paso es comparar los resultados del estudio con los antecedentes investigativos, para ver si encontramos coincidencias y consistencias con los resultados de otros autores, para luego pasar a presentar las conclusiones con una apreciación personal. Este punto es muy importante, porque…

Si bien la investigación científica es sistemática, no es rígidamente estandarizada, es muy importante presentar las apreciaciones personales del autor, porque son el punto de partida para la formulación de nuevas hipótesis que darán continuidad a su línea de investigación, sin las cuales no habría norte para seguir avanzando.

Las apreciaciones personales no afectarán en lo más mínimo a los resultados, mucho menos al análisis estadístico, pero sí que pueden matizar las conclusiones, le dan un contexto dirigido según las intenciones de cada investigador dentro de su línea de investigación, y dentro de sus propias necesidades.

La conclusión debería consistir en una única frase, esta única frase deberás ensayarla una y otra vez, para que en el momento de la presentación oral te resulte muy natural. Esta frase encapsula la idea final de tu presentación. Leer unas transparencias llenas de listas de viñetas constituye lo opuesto a una buena conclusión.

Finalmente, tenemos a las recomendaciones. Si bien muchos tesistas presentan buenas conclusiones, lamentablemente casi ninguno presenta buenas recomendaciones. Las recomendaciones deben estar estrictamente relacionadas a la línea de investigación, pues de lo que se tratan las recomendaciones es el dar continuidad a la línea de investigación.

Ahora imagínate la siguiente escena: un investigador de muy avanzada edad se encuentra en sus últimos minutos de vida, toda su existencia la ha dedicado a desarrollar su línea de investigación y en el camino atrajo la atención de muchos alumnos o pupilos, que ahora también son investigadores, que comparten su línea de investigación.

¿Qué sería lo que este investigador les recomiende a sus pupilos? Seguramente el maestro querrá que su existencia no haya sido en vano, que su línea de investigación continúe, incluso si él ya no está físicamente presente, por eso se dedicó, además de investigador, a convencer a las nuevas generaciones a unirse a su causa.

Seguramente les pedirá que den continuidad a su línea de investigación, los animará a continuar hacia adelante, hasta por fin encontrar la solución definitiva al problema, y para ello emitirá una corta lista de deseos que él hubiese querido realizar, pero que el tiempo ya no se lo permite, esta lista de deseos corresponde a las recomendaciones.

Un investigador que dedicó toda su vida al estudio de la diabetes, que ha logrado grandes progresos en el estudio de esta enfermedad, que ha contribuido significativamente al conocimiento y a la ciencia con su línea de investigación, de seguro que no les pedirá a sus pupilos antes de partir de este mundo "que hagan bien sus historias clínicas".

Esto es muy importante, porque a lo largo del desarrollo del estudio, te vas a encontrar con que existen muchos problemas que también merecen ser estudiados y solucionados, por lo que es muy fácil perder el norte, es muy fácil distraerse y terminar recomendando solucionar estos problemas que no tienen relación directa con tu línea de investigación.

Por ejemplo: la recomendación errónea que se encuentra en casi todas las tesis de medicina, es "que las historias clínicas sean elaboradas correctamente". Es verdad que uno de los principales problemas de la investigación retrospectiva en medicina, es que todas las historias clínicas están incompletas, pero eso es otra línea de investigación.

A menos que tu línea de investigación sea "La calidad de las historias clínicas", no puedes desenfocarte en hacer una recomendación para mejorar su calidad, descuidando lo verdaderamente importante para seguir avanzando en el desarrollo de tu línea de investigación, que es el verdadero propósito del investigador.

Para hacer un buen listado de recomendaciones, hay que tener en mente la línea de investigación, el propósito del estudio, los resultados del estudio, pero sobre todo hay que visualizar la solución al problema que generó tu línea de investigación. Este último punto es la verdadera "estrella guía" para avanzar con éxito dentro de tu línea de investigación.

Las recomendaciones mantienen viva la línea de investigación, si no hay nada que recomendar, significa que el problema ya está resuelto, y si nuestro estudio nunca hizo nada directo para resolver el problema, entonces el problema en realidad nunca fue problema, y nunca se debió realizar el estudio. Así, bajo este razonamiento siempre habrá algo que recomendar.

Recomienda según tus propios resultados. Si la información para desarrollar tu estudio fue insuficiente, recomienda retroceder en la línea de investigación a un nivel investigativo inferior, recomienda regresar en el camino de la investigación, por más insumos, por más información, que den un buen cimiento para seguir avanzando.

Si la hipótesis del estudio no fue probada, e insistes que debió resultar significativa, recomienda utilizar un método distinto, un nuevo camino: "el agua de la montaña ensaya distintos caminos para llegar al mar". Es posible que el diseño del estudio no haya sido el idóneo, y que con una estrategia diferente sí se llegue a demostrar la hipótesis.

Si la hipótesis se llega a demostrar o los resultados del estudio son satisfactorios, recomienda ejecutar un estudio en el siguiente nivel investigativo. ¿Cuál es el próximo paso? Es la pregunta que todos debemos hacernos al concluir un estudio, nunca nada es definitivo, siempre habrá más por qué trabajar.

Finalmente, comparte tu visión, comenta brevemente cómo sería la solución al problema que dio origen a tu línea de investigación. Si se trata de un estudio exploratorio o descriptivo, ciertamente la solución aún no está muy cerca, pero será muy útil conocer tu punto de vista; sugiere sin reparo, por ejemplo, cambios específicos en las políticas y prácticas en salud.

Premisa N° 6

Preparación de la defensa de tesis

Una defensa de tesis sugiere una cierta clase de refriega, combate o disputa, entre el tesista en contra de tres, cuatro o hasta cinco jurados. Esto suena como que los jurados tienen todas las de ganar, incluso antes de librar la primera batalla. Pero no es así, el propósito de la rueda de preguntas en público es para demostrar a la comunidad académica que la graduación del tesista es completamente meritoria.

Si recordamos un poco, la sustentación de tesis tiene tres fases o momentos: la primera es la presentación oral, la segunda es la rueda de preguntas o defensa de la tesis, y la tercera es la deliberación o dictaminación por parte de los jurados. Esta última parte corresponde a la calificación, para lo cual el tesista y todos los invitados tendrán que abandonar la sala; esta fase final ya no depende del tesista.

Por lo tanto, la defensa de la tesis no es más que una rueda de preguntas y la atmósfera que debiera existir es la de un seminario, un espacio de intercambio de ideas, un momento para enriquecer a la ciencia, una oportunidad para descubrir entre todos que podemos seguir abriendo fronteras al conocimiento.

En este escenario, el tesista es claramente la persona mejor informada en cuanto a su propia línea de investigación; y los miembros del Jurado están allí para oír y ayudarle con su experiencia, a entender mejor el proceso investigativo. El objetivo de la Universidad es formar nuevos investigadores, en ese contexto se debe desarrollar la rueda de preguntas.

Sin embargo, la defensa de la tesis o rueda de preguntas por parte de los jurados es, sin duda, la parte de la sustentación de tesis que más ansiedad provoca en los alumnos. Un elevado nivel de ansiedad en el presentador podría perjudicar el normal desarrollo de la sustentación y en consecuencia la decisión del Jurado en la parte final o deliberación.

Para evitar complicaciones en el momento de la defensa de la tesis, podemos enlistar una serie de recomendaciones que conseguirán lograr mayor firmeza en las respuestas que emita el estudiante, en esta su última intervención antes de graduarse o antes de conseguir su título, ya sea profesional o de especialista.

Asiste a una o más defensas antes de la tuya, observa en acción a tus futuros jurados, y descubre lo que ellos tienen guardado para la fecha final, la sustentación es un acto público, no existen restricciones de ningún tipo que te impidan asistir a estas reuniones, aun así sería conveniente conseguir que seas invitado por el graduando.

Discute tu investigación con tus amigos y colegas; escucha atentamente sus preguntas; asegúrate de que puedes presentar tu investigación de una manera clara y coherente, incluso a aquellos que no son investigadores. Es posible que necesites cambiar el orden de la presentación para lograr una mejor comprensión.

No te pongas a la defensiva. Esto es fácil de decir pero no de practicar, si bien es cierto que has invertido mucho tiempo, recursos en desarrollo de tu trabajo, aquí no se evalúa el esfuerzo, sino la capacidad investigativa del alumno, escucha con gran atención la propia perspectiva del Jurado, incluso si lo que escuchas no es de tu agrado.

Puedes decir algo como "muchas gracias por su idea, la voy a considerar seriamente". Así puedes lograr disminuir la tensión explosiva que puede generarse, sin hacer retroceder a nadie; sin embargo, no te has comprometido específicamente con nada, intenta ser lo más cortés y astuto al mismo tiempo.

Considera la **grabación de tu sustentación** como una opción. La sustentación de tesis es un acto público, en principio nadie tendría por qué oponerse a la grabación, pero siempre será mejor advertir al Jurado de que la sustentación será grabada, esto los pone en sobre aviso; pero si el Jurado se niega a esta petición, es mejor no entrar en conflictos.

Esta grabación tiene varias utilidades, puede servir para tener un registro exacto de los cambios y correcciones sugeridas en la disertación, también puede inhibir al Jurado de hacer preguntas que solo ellos entienden, puesto que toda grabación es para ser exhibida al público, a nadie le gustaría que sus excentricidades sean exhibidas públicamente.

Por otro lado, si el Jurado se niega a la grabación y tú accedes a su petición cortésmente, aprovecha para hacer énfasis que, en esta parte estás cediendo, como un indicador de que más adelante, en una atmósfera de reciprocidad corresponderá al Jurado ceder a favor del alumno, esto deberás hacerlo con mucha sutileza.

La investigación científica se encuentra en la misión institucional de todas las universidades del mundo, si traducimos esta misión institucional en términos prácticos, diríamos que la función de la Universidad no es producir tesis, sino investigadores; por ello, la evaluación no está orientada a la tesis, sino al tesista.

Si aplicamos los propios principios de la investigación, y queremos evaluar la capacidad investigativa de un alumno próximo a graduarse, diríamos que la unidad de observación es la tesis, pero la unidad de estudio es el alumno, es la razón por la cual es tan importante la fase de la defensa o rueda de preguntas.

No hay que confundir la finalidad de una tesis con la de un artículo científico. Si bien ambos corresponden a un estudio, la tesis es un medio para evaluar las capacidades investigativas del alumno, mientras que el artículo científico no tiene esa finalidad, sino solo comunicar los hallazgos del estudio.

Las tesis que no llegan a probar su hipótesis son igual de válidas que aquellas tesis que sí llegaron a demostrar la hipótesis del investigador o hipótesis alterna; porque lo que está en evaluación aquí, es el trabajo del alumno y no la hipótesis; mientras que en una revista científica solo aceptan publicar los estudios cuya hipótesis fue demostrada.

Algunas estrategias que puedes utilizar para salir bien librado de la rueda de preguntas, incluyen una perfecta revisión del informe final que hayas entregado al Jurado. En muchas ocasiones vi que el Jurado tenía un informe final distinto al informe que tenía en manos el tesista, el alumno alegó que había hecho correcciones de último minuto.

Si se da el caso de que entregas la versión final a los Jurados de tesis antes de la sustentación y luego te das cuenta de que hay algo que corregir, no lo hagas en este momento, tampoco se trata de ocultarlo, anótalo y mantente prevenido, que te lo puedan evidenciar en plena sustentación, en ese caso, asiente y comenta que estás de acuerdo con la recomendación.

Jamás se te ocurra llegar a la sustentación de tesis, recoger el informe final de tu tesis que trae cada jurado y entregarle uno nuevo que acabas de corregir. Esta recomendación puede parecer innecesaria, pero ocurre y lo vi en más de una ocasión, una situación similar puede ocurrir con las diapositivas.

Si las diapositivas muestran resultados distintos a los del informe final de tesis, será catastrófico para la calificación final. Si bien las diapositivas no son una copia fiel del contenido del informe final, en esencia debe informar lo mismo y no debe haber discordancia entre el contenido de las diapositivas con los del informe final.

Es muy común que los jurados de tesis planteen observaciones y modificaciones en la sustentación, lo cual lo escriben en el acta de sustentación, para corregir con posterioridad, de tal modo que si descubrirnos errores de último minuto, todavía tendrás ocasión de subsanarlo antes de mandar a realizar la impresión definitiva.

Prepararse para la defensa de la tesis o rueda de preguntas, significa haber definido con precisión tu línea de investigación, haber planteado un buen método investigativo y conocer a plenitud tus resultados, con eso deberías sentirte seguro de que harás una buena defensa, o de que saldrás bien librado de esta fase de evaluación.

No te preocupes por los jurados difíciles. Si un jurado llega con un prejuicio a tu sustentación, no lo harás cambiar de opinión en veinte minutos. Por otro lado, si un jurado investigador con experiencia, intenta hacerte fracasar en plena sustentación, lo va a lograr sin problemas, aunque este tipo de jurados no debieran existir, es posible que te toque uno.

Podemos plantear toda una taxonomía de cómo se comportan los jurados de tesis en la sustentación, desde "El apurado", que siempre se mostrará condescendiente con el alumno, hasta "El inquisidor", que siempre buscará tratar de hacer caer en falta al estudiante, desde los aspectos formales, hasta el propio contenido de la presentación.

Pero el que siempre me ha llamado la atención es "El doctor Jekyll y el señor Hyde", se trata del jurado que se muestra condescendiente en la dictaminación del proyecto y en la revisión del informe final, pero sufre una seria transformación en la sustentación de tesis, un verdadero trastorno disociativo de la identidad o un caso raro de personalidad múltiple.

Premisa N° 7

El jurado que nunca leyó la tesis

Es muy común que la mesa del Jurado esté compuesta por tres jurados y es muy común también que uno de ellos nunca haya leído la tesis. La razón por la que esto ocurre es también motivo de una investigación, pero en este momento, nos enfocaremos en las consecuencias que esto puede acarrear para el tesista y cómo puede salir libre de dificultades, incluso en este tipo de circunstancias.

Hace poco, uno de mis pupilos sustentó su tesis, y le asignaron tres jurados: un presidente, un secretario y un vocal. El secretario es muy amigo del presidente, además ha sido también alumno del presidente en su época universitaria, por lo cual pertenecen a la escuela o tiene la misma formación académica, en cuanto a métodos investigativos se refiere, es más, sus ideas y su planteamientos son muy similares que los de su maestro.

En muchas ocasiones, el jurado secretario tuvo muy buenos aportes o intervenciones sobre los trabajos que le tocó revisar, aportes interesantes y contribuciones propias de la nueva generación de maestros que todos esperamos encontrar; sin embargo, como siempre le toca ser jurado en la misma terna que su maestro, sus recomendaciones nunca prosperan.

La razón de esta situación es que el jurado presidente, al haber sido maestro del jurado secretario, siempre lo vio como un aprendiz. Y ahora, el jurado secretario, que incluso es un especialista y profesor universitario, sigue siendo visto por su antiguo maestro como un aprendiz, y siempre está tratando de corregirle en aquello, en que ambos no están de acuerdo.

Sin embargo, cuando dos personas no están de acuerdo, existen tres opciones: que el primero esté en lo correcto y el segundo esté equivocado, la segunda opción es que el primero esté equivocado y el segundo esté en lo correcto, y la tercera posibilidad es que ambos estén equivocados. Esto es independiente de quién sea el alumno y quién sea el maestro.

El jurado secretario, tomando como premisa de que sus aportes nunca son tomados en cuenta por su antiguo maestro, el jurado presidente, ha tomado la decisión de no leer las tesis que les toca calificar en conjunto, puesto que no tiene ningún sentido, y ahora se limita a firmar todo lo que el jurado presidente apruebe.

Esta actitud no debería importar al tesista, mientras no perjudique la presentación y aprobación de su trabajo, y en la mayoría de los casos así ocurre, nadie se percata que uno de los jurados nunca leyó la tesis. Sin embargo, esto puede traer complicaciones para el alumno a la hora de la sustentación de su tesis.

El jurado que nunca leyó la tesis necesita enterarse por primera vez del trabajo del alumno en plena sustentación; por eso, es un error muy grave por parte del tesista, asumir que los miembros del Jurado conocen el trabajo a plenitud y asistir a la sustentación de su propia tesis solamente para responder a las preguntas del Jurado.

Lo mejor que podría ocurrir en este momento, es que el jurado que nunca leyó la tesis, se mantenga firme en su actitud de no participar, y solo se limite a firmar lo que el jurado presidente determine. Si partimos de la premisa de que vamos a convencer al jurado presidente, ya tenemos dos votos de tres y la aprobación está asegurada.

Lo peor que podría pasar, es que al jurado secretario, antiguo alumno del jurado presidente, intente revelarse de su maestro en plena sustentación de tu tesis, y te ponga en serios aprietos. Si bien nadie tiene que ver en esta vieja rencilla, en este caso ya tenemos un voto perdido, ya que uno votará a favor y el otro en contra, no importa cuál sea el resultado.

En este momento tienes que actuar con la cabeza fría, puesto que será el tercer jurado quien dará el voto dirimente, así que presta mucha atención al tercer jurado, de parte de cuál de los dos jurados anteriores resulta aliado, recuerda que una tesis se puede aprobar por unanimidad o por mayoría, esta última será la única opción en estos casos.

Sin embargo, puede resultar muy difícil detectar de cuál de los dos jurados en conflicto está aliado el tercer jurado, sobre todo si guarda sus apreciaciones para sí mismo y no participa en el lío; en ese caso tendrás que alinearte con el presidente del jurado, quien tiene más posibilidades de poder conquistar la voz dirimente del tercer jurado.

El jurado que nunca leyó la tesis, cuando participa, hace preguntas básicas como ¿por qué eligió ese tema de investigación? No hay que malinterpretar ninguna pregunta bajo la falsa suposición de que todos los jurados leyeron la tesis, y te hacen una pregunta básica solo para ponerte en aprietos.

En todo momento, debes responder a las preguntas, solo asumiendo lo que se conversó en la propia sustentación de tesis, una buena estrategia para lograr esto, es responder siempre para el público asistente, ellos con seguridad nunca leyeron la tesis, y necesitarán informarse siempre un poco más, con palabras sencillas y claras.

Una variante del jurado que nunca leyó la tesis, es el jurado que leyó a medias la tesis, o que no leyó a profundidad, o que no entendió la idea a plenitud. Este jurado es tan peligroso como aquel jurado que nunca leyó la tesis, las consecuencias pueden ser más o menos previsibles, así que debemos prevenir esta situación.

La razón por la cual un jurado lee a medias tu trabajo, es porque los jurados son personas "muy ocupadas" y no tienen tiempo para leer tu extenso manuscrito, entonces deberás presentar desde el principio documentos muy sucintos, cortos pero sustanciosos, menudos pero exactos, a fin de conseguir de que lo lean completamente.

Ese principio se aplica no solamente a las tesis, sino a cualquier documento con el que pretendamos lograr una comunicación efectiva. "Menos siempre es mejor". Y si somos más rigurosos, podemos decir que no existe el jurado que haya leído a plenitud la tesis, eso es una utopía, así que habrá que esforzarse para alcanzarla.

El primer principio es redactar un documento corto; un informe final de tesis no tiene por qué tener más de cien páginas en tamaño A-4 a doble espacio con una fuente de tamaño 12. Realmente no hay razón para extenderse más allá de este número de páginas, por ello este número ya se contempla en los reglamentos de tesis.

En las únicas tesis donde podemos permitir volúmenes más extensos, es cuando se trata de investigación cualitativa, pero este es el tipo de estudio menos frecuente en las hemerotecas universitarias, presentar una nueva línea de investigación puede requerir de un indeterminado número de páginas y esto es completamente razonable en un estudio exploratorio.

El segundo principio es la estructura, debes ceñirte con gran apego a la estructura sugerida en el reglamento de tesis de tu Facultad e imprimir una copia de la página del reglamento donde se encuentra esta estructura y entregársela al Jurado junto con la tesis. Es un error infantil asumir que el Jurado de tesis conoce el reglamento al que hacemos referencia.

Entregar una copia de la página del reglamento de tesis, donde se encuentra la estructura, es una forma de prevenir que algún Jurado te sugiera su propia estructura, sugerencia que no debes adoptar, puesto que los tres jurados podrían sugerirte tres estructuras distintas, además entrégale solo la página de la estructura, nunca todo el reglamento.

Si le entregas todo el reglamento, estas asumiendo nuevamente algo que no va ocurrir, esto es que leerá todo el documento, les estás entregando más documentos que leer, además de tu tesis, esto puede reducir la posibilidad de que lea toda tu tesis. Además, entregarle todo el reglamento puede ser mal interpretado, como si le dijéramos: "Para que te enteres".

Si le entregas solamente la hoja del reglamento, donde aparece la estructura, lo haces con la finalidad de mostrarle que estás cumpliendo las normas, y que todo lo escrito está completo, esto le ayudará a cotejar a tu jurado que no has olvidado nada en el informe final de tesis, que todo está completo.

El tercer principio es presentar todo de la manera más simple posible, puede ocurrir que tú seas un gran experto en el análisis de datos aplicado a la investigación científica, esto no implica que presentes procedimientos estadísticos complejos, solo porque tú sí los entiendes; lo que tus jurados no entiendan, lo calificarán como erróneo.

Nunca trates de demostrar que tú sabes más sobre metodología de la investigación y estadística que tus jurados, incluso si este fuera el caso, podrías despertar animadversión por tu falta de modestia. Los jurados son tus maestros, y si bien un alumno siempre debe superar a su maestro, este no es el mejor momento para intentar demostrarlo.

Encontrarse con el jurado que no leyó la tesis, o que la leyó parcialmente, no es el apocalipsis, ya dijimos que no hay jurado que haya leído a plenitud el documento, eso es una utopía, el verdadero jurado del cual hay que preocuparse, es del jurado que presume de saberlo todo, del cual hablaremos en la siguiente parte.

Premisa N° 8

El jurado que presume saberlo todo

No es muy difícil encontrarse con uno, más aún en la medicina, si el jurado es un especialista en cirugía, las probabilidades aumentan, pero la verdadera epidemia está entre los profesores de metodología de la investigación y bioestadística. Nótese que no dije investigadores, sino profesores universitarios, teóricos, dogmáticos, que nunca asisten a cursos de capacitación continua, pues ya lo saben todo.

Encontrarse con un jurado sabelotodo es una situación que podemos evitar, en muchos reglamentos de tesis de diferentes universidades, se contempla el cambiar a alguno de los jurados, argumentando que pudieran existir potenciales conflictos de intereses, entre el jurado y el alumno o tesista, esta es una regla que debemos aprovechar para eludir al jurado sabelotodo, que todo el mundo sabe quién es.

El jurado sabelotodo está presente casi en todas la Facultades, de todas las universidades, felizmente solo suele ser uno, porque no hay espacio para dos de ellos casi en ningún lugar, las razones de su origen son motivo de otra investigación científica, pero casi siempre suelen ser docentes que tomaron un curso en el extranjero hace ya más de diez años.

Para poder evitar, si el reglamento lo permite, al jurado sabelotodo, es preciso conversar con, por lo menos, diez personas que hayan sustentado su tesis en los últimos tres meses, que habitualmente son tus propios compañeros de clases, algunos siempre están más adelantados en esta parte de desarrollar y sustentar su tesis, y preguntarles sobre sus jurados.

Una segunda opción es que le preguntes a tu propio tutor, de cuál profesor debes cuidarte, entre los docentes nos conocemos perfectamente, así que no hace falta hacer ningún *focus group* para aconsejar al alumno a quién hay que evitar. Esta segunda opción puede no ser adecuada si no hay una profunda confianza y confidencialidad entre ambas partes.

La tercera opción es consultar con tu asesor particular. Si se da el caso de que estás recibiendo apoyo por parte de un investigador que se dedica a la asesoría de tesis, este profesional conoce con seguridad la personalidad de cada uno de los jurados, puesto que parte de su trabajo profesional es guiar a los estudiantes en el proceso de su graduación.

Si te es posible evitar al jurado que presume de saberlo todo, mi consejo es que lo hagas, puesto que para este tipo de jurados, el trabajo de investigación nunca está correctamente realizado, por más cambios que hagas, nunca habrá una edición final, nunca podrás dejarlo completamente satisfecho.

Te presento el caso anecdótico de uno de los jurados que todo lo saben: años atrás me dedicaba a la tarea profesional de asesorar alumnos en el desarrollo de su tesis, trabajaba solamente con el campo de la salud, específicamente estudiantes de Medicina, Enfermería, Obstetricia y Odontología, y en cada Facultad había un jurado que todo lo sabe.

Pero el caso que quiero comentarte es realmente extremo. En la Facultad de Obstetricia de una universidad peruana, enseñaba una doctora o médica, a los estudiantes de obstetricia, naturalmente casi todos los docentes eran obstetras, pero esta doctora era la única médica en la plana docente y ahí nacía su falsa percepción de la realidad.

Como buen jurado que presume de saberlo todo, no aprobaba ni los proyectos de tesis, ni los informes finales; para mala suerte de los estudiantes, resulta que por su antigüedad siempre era presidente del Jurado, con lo cual las cosas empeoraban. Naturalmente, yo sugería a los estudiantes eludirla de las formas legalmente posibles.

Un buen día, una estudiante de Obstetricia, a quien le había tocado de dictaminador de su proyecto de investigación esta doctora, muy temerosa de que no le aprueben ni el marco teórico, decidió utilizar como fuente de información, unas separatas que la propia doctora había publicado, de tal modo que así aseguraría su aprobación.

La estudiante al principio copió literalmente el texto de las separatas para su marco teórico, pensando que tendría tiempo de sobrescribirlo con sus propias palabras. Lo anecdótico del caso es que nunca tuvo tiempo de completar esta tarea y viendo que su cronograma no podía extenderse más, decidió con mucho temor presentar este marco teórico sin editar.

El temor de la alumna residía en que la profesora se diera cuenta de que había copiado literalmente el contenido de sus separatas, lo cual desencadenaría una llamada de atención, pero entonces ocurrió algo inesperado y que hasta ahora no puedo entender: la maestra rechazó el proyecto porque no estaba de acuerdo con el marco teórico.

No es que se hubiera dado cuenta de que el marco teórico era una copia exacta de sus propias separatas, es que no estaba de acuerdo con los conceptos emitidos por la estudiante en su marco teórico. Pero ¿no se supone que ella era la autora de ese documento? ¿Qué razón habría para contradecirse ella misma?

La primera idea que se me viene a la mente es que esta profesora no era autora de sus separatas y que se las había copiado de alguna otra fuente, sin siquiera leerlas, puesto que si al menos las hubiese leído, se hubiese acordado del estilo con que se plasmó el documento y hubiera detectado que su alumna la copio literalmente.

Derivado de esta idea, me surge la siguiente interrogante: ¿Cómo es posible que alguien publique un documento como si fuese propio, cuando no lo es? En todo caso, no hubiese firmado como autora, sino como compiladora, pero incluso en esta situación, debiera haber leído el contenido de su compilación.

En fin, esta anécdota con esta doctora, jurado principal de las diferentes ternas que se formaban para la calificar las tesis de los alumnos de Obstetricia en una universidad peruana, no fue la única, en realidad sus contradicciones dan para escribir un libro completo, lo cual seguramente haremos más adelante.

Pero este no es el único caso, como mencioné anteriormente, en cada Facultad de cada universidad, siempre hay un jurado que presume de saberlo todo, y eso no lo podemos evitar, lo que podemos hacer es tratar de eludirlo con los medios disponibles, pero no siempre lo lograremos, entonces, ¿qué hacer si nos asignan al jurado que presume de saberlo todo?

Esta sí que es una situación de emergencia, momento propicio para empezar a escribir el manual de supervivencia del tesista con el jurado que presume de saberlo todo, pues hay que partir del principio que será difícil aprobarlo en el corto plazo, pero que no imposible. Habrá que trabajar un poco más pero, siempre se puede aprobar con cualquier tipo de jurado.

Si ya te asignaron al jurado que presume de saberlo todo y no puedes cambiarlo, entonces, aproxímate a él ("a tomar el toro por las astas") y pídele que te sugiera un tema de tesis, recuerda que esto es una situación de emergencia y el objetivo primario aquí es graduarse, dejaremos de lado por un momento los laureles y nos enfocaremos en aprobar la tesis.

Si el jurado que presume de saberlo todo, es quien te sugiere el tema de tesis, las probabilidades de que te rechace tu tema son menores. ¿Cómo? ¿Todavía es posible que me rechace? ¿Pero si es el tema que él mismo me ha sugerido? La respuesta es que sí, todavía te puede rechazar la propia idea que él mismo te dio, lo he visto muchas veces.

Para asegurar que no te rechace incluso una idea que el propio jurado te ha sugerido, es que luego de que hayas tenido tu primera entrevista, construyas tu proyecto de tesis a la velocidad de la luz, y preséntaselo, si te es posible al día siguiente, esto evitará que se olvide de tu primera entrevista, para esto tal vez necesites un asesor particular para que te guíe.

Sí, tal como lo oyes. Si por desgracia te asignaron al jurado que presume de saberlo todo, busca ayuda profesional, consigue un asesor privado que, de preferencia, conozca al jurado, esto te dará una gran ventaja y muchas probabilidades de terminar la tesis en el cronograma inicialmente planteado. No te arriesgues.

El jurado que presume de saberlo todo puede desestimar tu idea de investigación, puede rechazar tu proyecto de tesis una vez construido, puede nunca dar el visto bueno al borrador de tu informe final de tesis, incluso puede desaprobarte en plena sustentación, porque habitualmente el jurado que presume de saberlo todo es el presidente del Jurado.

El jurado que presume de saberlo todo suele entrar en conflicto con los otros jurados, que a veces cansados de su soberbia se oponen firmemente a él, otras veces toman partido por los alumnos y en el afán de querer ayudarlos, comienzan una batalla en la cual nadie saldrá victorioso, muchos menos el tesista.

Frente a esta situación, hay que evitar en lo posible ser parte de este conflicto, mucho menos alentarlo, puesto que es muy posible que la sustentación de tu tesis sea la última vez en tu vida que veas al jurado que presume de saberlo todo, utiliza esta premisa como una forma de auto motivarte en cada momento.

Premisa N° 9

Las preguntas del Jurado de Tesis

Existen tres tipos de preguntas que pueden realizar los jurados de la tesis. El primer tipo está conformado por aclaraciones que se requiere para una comprensión exacta de lo que se está presentando; por otro lado, están las preguntas que realizan con la finalidad de asegurarse de que el tesista es realmente el autor del trabajo de investigación; y está el tercer tipo, que son las preguntas malintencionadas para poner al tesista en ridículo.

Las preguntas que tienen una intención sincera y genuina de esclarecer temas, que ayudan a entender mejor el trabajo de investigación, son una bendición, aunque realmente no deberían existir. Si el jurado hubiese leído a cabalidad el informe final de tesis, y si algo no está claro, debió sugerir que se complete antes de dar pase a la sustentación, así que a estas alturas todo debería estar claro.

Sin embargo, sí que son un buen tipo de preguntas para el tesista, que se supone conoce más del tema que los propios jurados, así que tendrá la oportunidad de ampliar un poco más el tema que le apasiona y podrá compartir esa pasión tanto con el jurado de tesis, como con el público asistente.

Recibir este tipo de preguntas es una buena ocasión para ganar tiempo y dejar poco margen para las preguntas que vienen después. Esto, por supuesto, habrá que hacerlo con sutileza, "cual buen jugador de fútbol que al menor contacto se tira al suelo y hace tiempo cuando su equipo va ganando uno a cero", de ser descubiertos serán amonestados.

Una estrategia adicional es dejar intencionalmente la puerta abierta a otras preguntas de dominio por parte del autor, esto se debe practicar para que todo fluya de manera natural. Por ejemplo, si el tema es la diabetes, podemos mencionar "la última clasificación", solamente si conocemos a cabalidad esa supuesta última clasificación, caso contrario sería un error.

Jamás debemos dejar conectores a temas que no conocemos. Si mencionamos una clasificación de los tumores que estamos estudiando, lo más probable es que nos pidan que recitemos esa clasificación, así que de no conocer la clasificación en mención, debemos evitar en todo momento traer a colación un tema que no dominamos.

Estoy seguro de que cualquier estudiante que trabajó con honestidad su tesis, no tendrá ninguna dificultad en superar esta fase de preguntas aclaratorias o ampliatorias, puesto que desarrolló un trabajo dentro de su línea de investigación, y dentro de este tema es la persona que más ha leído, puesto que le apasiona.

El segundo tipo de preguntas son las únicas que deberían formularse en una sustentación de tesis, se trata de las preguntas cuya finalidad es asegurarse de que el tesista es realmente el autor del trabajo; estas preguntas van dirigidas específicamente a la línea de investigación y al método investigativo.

Para ponerlo en términos sencillos, son mejores los estudios con intervención, con mediciones realizadas por el autor, con seguimiento a las unidades de estudio y con relación entre variables; pero esto es una utopía, un estudio con estas características suele tener serios problemas de factibilidad, por lo que habrá que escoger otros caminos.

Los diseños más precisos y exactos son menos factibles, y los estudios más factibles son menos precisos y exactos; de manera que alcanzar el estudio absolutamente preciso y exacto, sin error aleatorio ni error sistemático, es una utopía; el trabajo de investigación con toda seguridad contiene limitaciones derivadas de su propio diseño.

El conocimiento de las limitaciones del diseño elegido son potestad solamente del autor del estudio, ningún tesista que haya comprado la tesis conoce de estas limitaciones; por ello, preguntar por estas limitaciones del estudio, es una buena forma de asegurarse de que el tesista haya sido realmente quien condujo la investigación.

En cuanto al tipo de estudio, siempre es mejor un estudio prospectivo que uno retrospectivo, porque permite controlar el sesgo de medición; la pregunta para los alumnos que hicieron un trabajo retrospectivo es: ¿Explique cómo sería la versión prospectiva de su estudio y por qué no se llevó a cabo?

En cuanto al diseño del estudio y, específicamente, para el estudio de los factores de riesgo, idealmente se requiere aplicar el diseño de cohortes, porque solo en él se puede calcular el Riesgo Relativo; sin embargo, en la práctica solo hacemos el diseño de casos y controles, y el valor del riesgo lo estimamos a partir del Odds Ratio.

El Odds Ratio es solo una aproximación al Riesgo Relativo, lo que sucede es que para un propósito investigativo, existe un diseño ideal, pero como dijimos anteriormente, difícil de alcanzar. La pregunta para el alumno sería: ¿Indique cuál es el diseño ideal para su propósito investigativo y por qué no se llevó a cabo?

En cuanto al nivel investigativo, si tenemos en cuenta que la finalidad de la investigación científica es mejorar las condiciones del ser humano y su ambiente, entonces, todos los estudios a desarrollar debieran ser aplicativos; pero la falta de sustento, soporte teórico y experiencia nos hacen descender de nivel investigativo, incluso hasta los niveles más básicos.

Hacer un estudio de nivel básico o lo que denominamos investigación pura o básica, no es un error, no hace de nuestro trabajo de menor calidad, ni invalida el estudio; sino que el estudio en curso dará sustento a uno nuevo, en el próximo nivel investigativo. La pregunta sería: ¿Por qué no desarrolló su estudio en el siguiente nivel investigativo?

En cuanto al muestreo, siempre son mejores los muestreos probabilísticos, y dentro de este grupo, el muestreo aleatorio simple, de tal modo que debiéramos aplicarlo en todos los casos, pero para la mayoría de estudios este muestreo es utópico, tiene una serie de condiciones que casi nunca se pueden cumplir.

Entonces, si el muestreo aleatorio simple es el ideal, y no se utilizó en el estudio, la pregunta es deducible: ¿Por qué no se usó el muestreo aleatorio simple? Y en todos los casos en los que se utilizó un muestreo no probabilístico, la pregunta sería: ¿Porque no se usó un muestreo probabilístico?

Estas preguntas no pretenden generar modificaciones es en el informe final de la tesis, no son correcciones, son preguntas que únicamente el autor del estudio puede responder, y son el medio objetivo para detectar cuándo el alumno compró su tesis o se copió un trabajo de investigación previamente aprobado en otra Universidad.

Un alumno que ha comprado su tesis puede perfectamente llegar a la fecha de sustentación. Si partimos de la premisa de que su tesis está bien realizada, y que los dictaminadores y jurados nunca se reunieron con él para realizar las modificaciones, y solo se limitaron a dejar informes escritos en la secretaría de la Facultad o la Escuela correspondiente.

Finalmente, tenemos el tercer tipo de preguntas, generalmente emitidas por el jurado que presume de saberlo todo, sus intenciones son desconocidas, pero habitualmente ponen en aprietos completamente innecesarios al tesista, pero aprietos al fin y al cabo, así que deberá salir airoso incluso en estas circunstancias.

Estas preguntas malintencionadas, por lo general son preguntas teóricas, y es que los jurados que poco o nada saben de investigación, se atrincheran en los conocimientos que su especialidad les confiere para poder amalgamarse entre los investigadores, así que el tesista deberá prepararse adecuadamente para evitar contratiempos.

Conocer perfectamente a sus jurados ayudará mucho, puesto que estos jurados suelen tener la misma conducta en todas las sustentaciones. Asistir a una o más sustentaciones previas nos advertirá del peligro, aun así nunca sabremos lo que se traen bajo la manga los jurados de tesis para nuestra propia sustentación.

En este trajín, es posible que una pregunta del Jurado no pueda ser respondida por el tesista. En ese caso, jamás te quedes callado, intenta resolverla con todas las tácticas que hayas ensayado en tus exámenes orales que presentabas en tus épocas de estudiante, esto es importante, jamás admitas que no lo sabes. ¡Jamás!

En la antigüedad, en la época de la cacería de brujas, atrapaban a cualquier mujer y la acusaban de bruja, luego de amenazarla con quemarla viva, le prometían que si confesaba, la podían absolver, por lo que, muchas mujeres decidieron confesar que eran brujas, y todas, absolutamente todas, terminaron en la hoguera. ¿Qué otra cosa se puede hacer con una bruja?

Así, tus debilidades las puedes compartir con tu tutor o mentor, que él te ve como un padre ve a su hijo, incluso a tu asesor privado, que él te ve como un abogado ve a su cliente, pero jamás con el Jurado, menos con el jurado que presume de saberlo todo, él solo está buscando probar que tú estás equivocado para desaprobarte, no te sirvas en bandeja de plata.

Premisa N° 10

Propuestas de solución al problema

Un investigador que no posee una línea de investigación no es un investigador, porque solamente las línea de investigación solucionan problemas, los estudios aislados no lo hacen. Un investigador que posee una línea de investigación, se ha propuesto solucionar un problema que afecta a su población de estudio, esta es su **misión** dentro de su vida científica o investigativa.

Para poder conducir eficazmente una línea de investigación, el investigador tiene que visualizar la solución al problema, desde el principio, desde el momento que genera su línea de investigación, pues es el problema en estudio, el que generó la línea de investigación. Para tener éxito en esta carrera, el investigador tiene que ser un visionario, esto es lo que corresponde a su **visión** dentro de su vida científica o investigativa.

En efecto, los conceptos de misión y visión que aprendemos en los cursos de administración, se aplican también al desarrollo de un trabajo científico. La misión del investigador es trabajar para la solución de un problema, y la visión es la forma en que plantea solucionar el problema, para lo cual tendrá que plantear una línea de investigación.

Al planteamiento de la línea de investigación es a lo que se conoce como planteamiento del problema, de manera que "el planteamiento del problema" es para toda la línea de investigación, y no solamente para un estudio en particular, valga la aclaración, porque muchos confunden el planteamiento del problema con el enunciado del estudio.

El enunciado del estudio corresponde solamente a un eslabón de la cadena llamada línea de investigación, un estudio aislado no puede solucionar un problema, los trabajos de investigación aislados no solucionan problemas, son las líneas de investigación las que terminan proponiendo soluciones.

En este sentido, el investigador tiene que tener muy en claro la misión y visión de su línea de investigación, y aunque esto es, con lo que debe comenzar su proyecto de investigación, vale la pena traer a colación estos temas, ahora que estamos a punto de cerrar el ciclo investigativo, la misión y visión se establecen desde el principio.

Hecho todo este razonamiento, nos damos cuanta claramente de las preguntas que pueden surgir durante la sustentación de tesis. ¿Cuál es tu línea de investigación? ¿Por qué elegiste esta línea de investigación? ¿Qué propuestas planteas para solucionar el problema? ¿Cómo piensas alcanzar esas soluciones? Son preguntas genéricas que todos deberían responder.

Ahora vámonos a cuestiones más concretas, todo investigador plantea su estudio en un determinado nivel investigativo. ¿Por qué no se planteó en un nivel más avanzado? ¿Cuáles fueron los inconvenientes de ir más allá en la línea de investigación? ¿Qué dificultades aparecieron que no permitieron adentrarnos más en la solución de problema?

Si el estudio en curso es un estudio de nivel básico o puro, y con este estudio no se logra solucionar el problema, sino solamente contribuir a la línea de investigación, ¿cuál es el siguiente paso? Existe un propósito específico que debemos desarrollar para el siguiente trabajo de investigación.

Si tenemos en cuenta que la investigación científica apunta a solucionar los problemas del ser humano y su entorno, todo trabajo de investigación debiera ser aplicativo, y en caso de no poder llevarse a cabo por falta de información y experiencia previa, debe establecerse en el punto más alto de la línea de investigación.

Bajo este razonamiento con el estudio en curso, para un determinado propósito, en un determinado punto, ¿por qué el siguiente punto no era factible de realizar? y ¿cómo los resultados del presente estudio, logran factibilizar el siguiente paso? El presente estudio tendría que haber logrado factibilizar el siguiente estudio.

El investigador que visualiza claramente al punto donde quiere llegar con su línea de investigación conoce tanto los pasos previos, como los pasos siguientes. Así que la siguiente pregunta no deberá ser nada difícil de responder: ¿Cuál es el próximo paso dentro de tu línea de investigación? ¿Cuál es el propósito del estudio del siguiente trabajo?

Estas preguntas no pueden ser respondidas por aquel que compró su tesis, por el alumno que copió su trabajo de otro lado, que solamente recolectó los datos, o por aquel que solo realizó el análisis estadístico; en general, por todo aquel que únicamente realizó actividades que pueden ser subcontratadas o delegadas.

Por esta razón, existen procedimientos dentro del desarrollo de una tesis que pueden ser delegados o subcontratados; es decir, no es necesario que sea el autor mismo quien ejecute estas acciones, y que si son delegadas o subcontratadas no afectan en nada la misión y visión del investigador.

Para que el investigador no se distraiga de su visión, que está representado en el propósito investigativo, a fin de llegar una conclusión con la menor cantidad de sesgo posible, deberá filtrar toda distracción, actividades que no requieren de su atención, subcontratándolas o delegándolas a terceros.

Esto no significa que el investigador deba ignorar procedimientos necesarios para la recolección de datos, por ejemplo, pero el hecho de que el autor no haya recolectado los datos, no significa que no los entienda, debe saber en qué consisten, y más aún debe monitorizar el desarrollo del mismo.

Entonces, un grupo de preguntas están dirigidas a todas las actividades que pueden subcontratarse o delegarse, para asegurarse de que todo lo que se haya subcontratado también se haya monitorizado, a fin de lograr la precisión y exactitud que deseamos en nuestras mediciones, que se traducirán en la validez de las conclusiones del estudio.

La pregunta para el tesista sería: ¿Qué actividades has subcontratado o delegado a terceros?, ¿cómo aseguras que estos procedimientos se hayan desarrollado óptimamente?, ¿en qué consistió la monitorización?, ¿cómo esta decisión mejoró las condiciones del estudio? Son preguntas para las que debe estar preparado el tesista.

Finalmente, el autor del estudio debe responder con claridad cómo imagina el programa de intervención que más adelante planteará para solucionar el problema que generó su línea de investigación; si bien no es el objetivo del estudio en curso, solo un tesista que posee una línea de investigación puede responder esta pregunta.

Un investigador sin visión para solucionar el problema que generó su línea de investigación, es un viajero sin destino, cualquier camino le dará lo mismo, puesto que no tiene una meta clara, mucho menos sabrá hacia dónde debe dirigirse para continuar su camino, cualquier dirección le parecerá lo mismo.

Mario Bunge divide a la investigación, en investigación pura o básica e investigación aplicada. La investigación pura busca saber por conocer, y la investigación aplicada, solucionar los problemas que generó la línea de investigación. En este sentido, todos los investigadores debiéramos ejecutar trabajo de nivel aplicativo.

Sin embargo, a veces tenemos que desarrollar investigación pura o básica para nutrir el cuerpo de conocimientos para nuestra línea de investigación, y en otras ocasiones, sí podremos desarrollar estudios dentro de la investigación aplicada. En este caso no hay visualización para la solución al problema, sino una verdadera propuesta de intervención.

Incluso para los investigadores que han realizado un estudio en el nivel de la investigación aplicada, quiere decir que ya han completado el ciclo de su esfuerzo investigativo, incluso allí hay un siguiente paso y consiste en crear y optimizar un sistema de intervención. Siempre habrá algo que mejorar, siempre se podrá optimizar la intervención.

Por ejemplo, una campaña de vacunación corresponde al nivel aplicativo. Ya se ha ejecutado, ya se ha beneficiado a la población de estudio, pero la aplicación de una campaña de vacunación requiere de la creación de un sistema o programa y lo que ahora está en evaluación ya no es la eficacia de la vacuna, sino la eficiencia del programa.

Es aquí donde surge el tema del control de calidad, que está orientado a optimizar el sistema evaluando la calidad, con el control del proceso, y la calibración del proceso. De modo que el trabajo del investigador nunca termina, incluso los sistemas más perfectos como el despegue y aterrizaje de un avión necesitan optimizarse.

Finalmente, prepara un artículo o un reporte que comparta los resultados de tu investigación; luego de la sustentación, es lo mejor para completar esta tarea. Directamente, después de la defensa es cuando tienes los conocimientos de tu estudio más frescos, y estarás en la mejor posición para redactar tu artículo para una revista científica.

ACERCA DEL AUTOR

El Dr. José Supo es Médico Bioestadístico, Doctor en Salud Pública, director de www.bioestadístico.com y autor del libro "Seminarios de Investigación Científica".

Programas de entrenamiento desarrollados por el autor:

1. Análisis de Datos Aplicado a la Investigación Científica
2. Seminarios de Investigación para la Producción Científica
3. Validación de Instrumentos de Medición Documentales
4. Técnicas de Muestreo Estadístico en Investigación
5. Taller de tesis: Desarrollo del Proyecto e Informe Final
6. Análisis de Datos Categóricos y Regresiones Logísticas
7. Análisis Multivariado - Diseños Experimentales
8. Técnicas de análisis Predictivos y Modelos de Regresión
9. Minería de Datos para la Investigación Científica.
10. Control de Calidad: Análisis del Proceso, Resultado e Impacto
11. Entrenamiento para Tutores, Jurados y Asesores de tesis
12. Herramientas para la Redacción y Publicación Científica

MÁS SOBRE EL AUTOR

El Dr. José Supo es conferencista en métodos de investigación científica, entrenador en análisis de datos aplicado a la investigación científica y desarrolla talleres sobre los siguientes temas:

Libros y audiolibros publicados por el autor:

1. Cómo empezar una tesis
2. Cómo escribir una tesis
3. Cómo sustentar una tesis
4. Cómo ser un tutor de tesis
5. Cómo evaluar una tesis
6. Cómo asesorar una tesis
7. Taxonomía de la investigación
8. El propósito de la investigación
9. Las variables analíticas
10. Los objetivos del estudio
11. Cómo probar una hipótesis
12. Cómo elegir una muestra
13. Cómo validar un instrumento
14. Validación de pruebas diagnósticas
15. Técnicas de recolección de datos
16. Cómo se elige una prueba estadística

¿Quieres saber más?

www.tallerdetesis.com

www.ingramcontent.com/pod-product-compliance
Lightning Source LLC
Chambersburg PA
CBHW020708180526
45163CB00008B/2986